U0180222

疯狂STEM
KEY CONCEPTS IN
STEM

ENGINEERING AND TECHNOLOGY
工程和技术

建筑和结构
BUILDINGS AND STRUCTURES

英国 Brown Bear Books 著

侯 佳 译   王 晋 审校

电子工业出版社
Publishing House of Electronics Industry
北京·BEIJING

Original Title: BUILDINGS AND STRUCTURES

Copyright © 2020 Brown Bear Books Ltd

Devised and produced by Brown Bear Books Ltd,

Unit 1/D, Leroy House, 436 Essex Road, London

N1 3QP, United Kingdom

Chinese Simplified Character rights arranged through Media Solutions Ltd Tokyo

Japan (info@mediasolutions.jp)

版权贸易合同登记号　图字：01-2021-4090

图书在版编目（CIP）数据

建筑和结构 / 英国 Brown Bear Books 著；侯佳译 . —北京：电子工业出版社，2021.10
（疯狂 STEM. 工程和技术）
书名原文：BUILDINGS AND STRUCTURES
ISBN 978-7-121-41857-0

Ⅰ . ①建… Ⅱ . ①英… ②侯… Ⅲ . ①建筑－青少年读物 Ⅳ . ①TU-49

中国版本图书馆 CIP 数据核字（2021）第 171234 号

责任编辑：郭景瑶
文字编辑：刘　晓
印　　刷：北京利丰雅高长城印刷有限公司
装　　订：北京利丰雅高长城印刷有限公司
出版发行：电子工业出版社
　　　　　北京市海淀区万寿路 173 信箱　邮编：100036
开　　本：787×1092　1/16　印张：4　字数：115.2 千字
版　　次：2021 年 10 月第 1 版
印　　次：2021 年 10 月第 1 次印刷
定　　价：68.00 元

　　凡所购买电子工业出版社图书有缺损问题，请向购买书店调换。若书店售缺，请与本社发行部联系，联系及邮购电话：（010）88254888，88258888。
　　质量投诉请发邮件至 zlts@phei.com.cn，盗版侵权举报请发邮件至 dbqq@phei.com.cn。
　　本书咨询联系方式：（010）88254210，influence@phei.com.cn，微信号：yingxianglibook。

"疯狂STEM"丛书简介

STEM 是科学（Science）、技术（Technology）、工程（Engineering）、数学（Mathematics）四门学科英文首字母的缩写。STEM 教育就是将科学、技术、工程和数学进行跨学科融合，让孩子们通过项目探究和动手实践、创造的方式进行学习。

本丛书立足 STEM 教育理念，从五个主要领域（物理、化学、生物、工程和技术、数学）出发，探索 23 个子领域，全方位、多学科知识融会贯通，培养孩子们的科学素养，提升孩子们解决问题和实际动手的能力，将科学和理性融于生活。

从神秘的物质世界、奇妙的化学元素、不可思议的微观粒子、令人震撼的生命体到浩瀚的宇宙、唯美的数学、日新月异的技术……本丛书带领孩子们穿越人类认知的历史，沿着时间轴，用科学的眼光看待一切，了解我们赖以生存的世界是如何运转的。

本丛书精美的文字、易读的文风、丰富的信息图、珍贵的照片，让孩子们仿佛置身于浩瀚的科学图书馆。小到小学生，大到高中生，这套书会伴随孩子们成长。

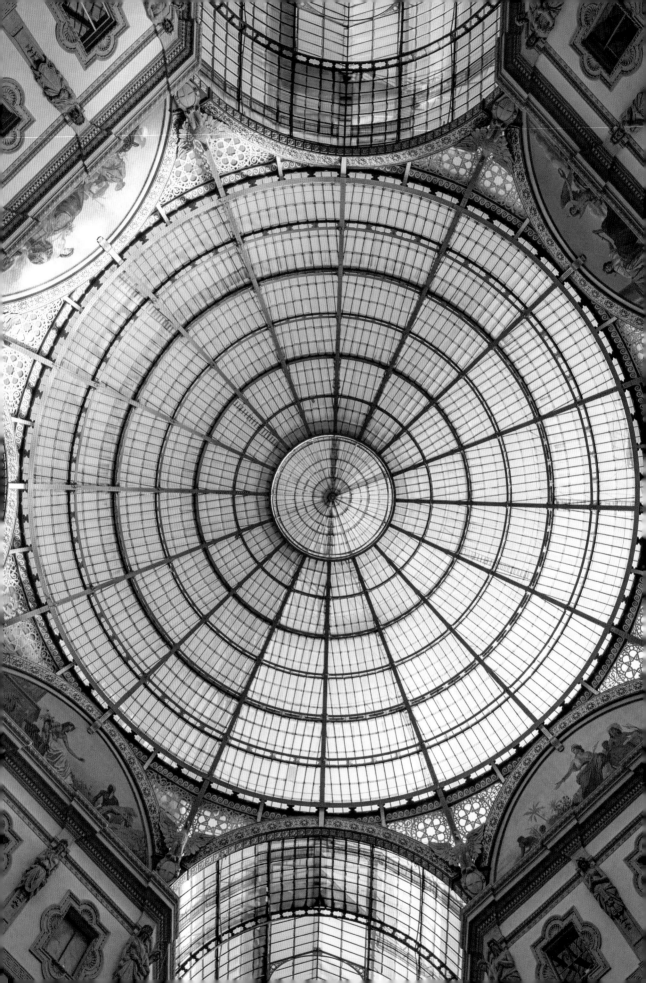

目　录

传统的建筑结构 …………………………………………… 6

现代建筑 …………………………………………………… 20

水的治理 …………………………………………………… 32

桥梁和隧道 ………………………………………………… 40

家 …………………………………………………………… 52

时间线 ……………………………………………………… 62

延伸阅读 …………………………………………………… 64

传统的建筑结构

有史以来，人们一直利用当地环境中可以获得的材料来建造房屋。在发动机被发明出来之前，建筑材料的制造和吊举依靠的都是人力或畜力。

如今，大多数房屋是用砖、钢铁和混凝土建造的，且带有玻璃窗和木瓦屋顶。然而，最早的人类用草、泥和木棍等容易获得的材料，借助原始的工具，来建造临时的住所。有些地方的人类住在洞穴里，根本不需要建造住所，还有些干脆露天而居。

大多数古代人类没有固定的家园。他们是"狩猎采集者"，这意味着他们会从一个地方迁移到另一个地方。他们要么随着季节的变化而迁移，要么随着他们狩猎的动物的迁徙而迁移。他们中有些部落是住在帐篷里的，迁移的时候会带着帐篷一起走。

有一种理论认为，美洲大陆上最早的人类来自亚洲。在最后一个冰川时期，他们通过曾出现过的一座大陆桥，徒步穿越了隔开亚洲和阿拉斯加的白令海峡。

这一理论不仅体现在印第安人的遗传特征上，也体现在他们的住所上。蒙古包是亚洲很多民族的典型住所，这与有些印第安

传统的建筑技术很高超，许多古老的建筑，如1710年完工的伦敦圣保罗大教堂，至今仍屹立不倒。2000年，一座连接伦敦市南部和圣保罗大教堂的新桥建成了。然而，工程师们花了将近两年的时间才解决了这座高科技悬索桥的晃动问题。

许多印第安人曾使用一种圆锥形帐篷。这些帐篷的顶部有孔，生火产生的烟可由此从帐篷中散出。

人使用的帐篷很相似。

　　大约在公元前1万年的农业革命之后，世界上许多地方的人们过上了定居的生活，有了相对永久的住所。支撑帐篷的木制框架变得更加坚固，以前用作覆盖物的兽皮和编织物被更结实、更重的材料（如木头、草和泥土）所取代。这一变化赋予了建筑结构新的强度和持久性。最终，随着人们建造的住所越来越大，木制框架也变得越来越坚固。

古代建筑材料

　　在世界的不同地方，人们可以获得的材料也是不同的。这在很大程度上决定了他们建造的房屋的类型。例如，在伊拉克南部的沼泽地里，人们用芦苇和湿地里的泥土制成长柱，在地上挖两列平行的洞，并将长柱

社会和发明

移动住所

　　有些游牧民族习惯无论走到哪里，都用当地的材料建造新的住所，但也有一些游牧民族会带着他们的住所一起走。这些人的住所必须可靠、防风雨、可移动，且具有多种功能。为了满足这些需求，人们创造出各种帐篷。

　　有些帐篷的风格几百年来都没有变化。例如，中东和北非的贝都因人的帐篷样式就和他们祖先的一样。他们的帐篷是用编织的布做成的，拉紧后用柱子支起，只有一面墙和一个屋顶来保护里面的人免受风的侵袭。与帐篷相比，蒙古包更像一座可以移动的房子。蒙古包的墙体由纵横交错的栅栏组成，杆子在顶部伸展开来形成屋顶，上面覆盖厚厚的毛毡，这样就可以将火炉产生的热量留在蒙古包内。

搭建蒙古包所需的一切，包括里面的床和家具，可由几十只骆驼、牦牛和马匹运来。除了结实的木制前门，其他所有东西都可以打包成捆。

7

插入其中；长柱的顶端向中间弯曲，与对面的长柱绑在一起，形成拱形结构；用细的芦苇将所有拱形结构连接在一起，再在上面铺上芦苇席。这些技术已有6000年的历史，且一直被沿用至今。

在木材丰富的地区，人们常常用木材来建造房屋。高大笔直的树木，如松树、冷杉和山毛榉，特别适合用来建造房屋。

这些地区的木屋通常是用长树干建造的——把长树干的两个侧面削平，锯掉末端，然后组装在一起。今天世界上许多地方的房屋仍完全使用木材建造。

这间长屋是由加拿大东部的印第安人建造的，其框架是木制的，在寒冷的天气里，人们会在上面覆盖兽皮。这间长屋可容纳20户家庭。

泥屋

在世界各地，泥都是一种建筑材料。普韦布洛人以及西非马里人都曾使用泥来建造房屋，他们的许多泥屋至今仍屹立不倒。如果造得好，泥屋可以很坚固，也很漂亮。美索不达米亚巨大的金字形神塔就是由泥砖制成的。尽管这些泥屋已有大约4000年的历史，但现在人们仍能看到它们的遗迹。

位于西非马里的杰内大清真寺由泥和木头建成，它经历了多次重建，已有近800年的历史。

冰屋

居住在北极的因纽特人，仍然用雪来建造临时住所。这种住所被称为冰屋。几个世纪以来，他们都是这样做的。冰屋（一个圆顶小屋）由大块冰冻的雪雕刻而成。这种设计提供了巨大的自然支撑力。人们将松散的雪填塞在顶部，以填补空隙。圆顶小屋建成后，人们便可进入屋内，并将冰屋紧紧地封起来，以阻止外面的冷空气进入。人们在里面点一盏灯，冰屋里的热空气无处可逃，便开始融化雪块。当冷空气再次进入时，融化的雪又会迅速冻结。这一过程使冰块黏合在一起，在冰屋内部形成光滑的冰面。冰屋可以通过有屋顶的通道相互连接，形成三五间连在一起的住所，可容纳15～20人。

冰屋并不用作永久住所。它们是因纽特人在夏天远离家园捕猎海豹时的临时住所。一块块透明的冰被安装在厚厚的白色雪块之间，以作为窗户。

石头建筑

石头是一种坚硬耐用的材料，所以用它建造的房屋很坚固。石头建筑最早可以追溯到公元前2770年，这意味着它们已经存在近5000年了。古埃及人使用石头建造出了奇观。为了从采石场采集石料，古埃及人用鹤嘴锄敲凿岩石；为了使岩石裂开，他们会在岩石上钻洞并在洞中填上木制楔子；他们还用槌子和凿子将石块塑造成光滑的长方体，并用直尺、三角尺和铅锤（用线吊着的铅块，用于校准垂直表面）检查他们的工艺。在18世纪工业革命之前，这些简单的工具一直被世界各地的人所使用。

编木藤夹泥

编木藤夹泥是最古老的建筑材料之一。这种材料被发现存在于一些已知的最古老的人类定居点，比如土耳其中部有9000年历史的恰塔霍裕克遗址。编木藤夹泥是一种复合材料，它使用两种完全不同的物质来形成坚固的枝条结构。这个枝条结构实际上是一种用细树枝绕着木头支撑物编织而成的篱笆，里面用灰泥填充并覆盖。灰泥由泥土、稻草、马毛等制成，质地较软。

寺庙和坟墓

由于采集和运送成本较高，因此石头主要用于国家或皇家建筑。最著名的石头建筑是埃及吉萨的胡夫金字塔。它建于4500多年前，高达147米。在建成后的近4000年中，它一直是世界上最高的建筑。

在中美洲也可以看到类似的金字塔。它们是由奥尔梅克人、托尔特克人和玛雅人在公元前900年左右建造的。茂密的热带雨林中也有许多这样的寺庙。和他们的古埃及同行一样，工匠们使用非常基本的工具建造了这些令人难以置信的建筑。

古希腊的石匠同样技艺高超。他们在工地上把一块块石头修整好，并垒在一起。

印加墙

南美洲的印加人建造了坚固的石墙（下图是位于秘鲁库斯科城的印加墙）。这些墙是干的，所用的石头不是用水泥黏合在一起的，而是经过切割精确地砌合在一起的，石头缝隙间连刀片都插不进去。更令人惊奇的是，印加人只有由软金属（如青铜和黄金）和石斧制成的切割工具。

大约2400年前，利西亚人在土耳其西部的岩石悬崖上凿出了精致的坟墓。

石块之间的空隙被用更小的石块填满。

在非洲，"石头古城"大津巴布韦建于公元1200年到1450年间。在鼎盛时期，这座城市曾拥有将近2万人。大津巴布韦的居民遍布在24万平方米的区域内，住在由黏土和花岗岩砾石混合建造的茅草屋里。

看看这座城市的城墙遗迹，我们就可以发现，它的建造者是逐渐学会建造更高、更坚固的干石墙的。最早的墙使用的是不同形状的石块，看起来参差不齐。后期的石块被切割成均匀的形状和大小，以使结构更坚固。

可以说，古代世界最了不起的石头建筑要属中国的长城了，它是为了防止游牧民族袭击已有人类定居的农业地区而建造的。目前很难确定长城的确切建造时间，但修建统一城墙的首次尝试可以追溯到公元前3世纪。东部长城城墙的核心由碎石筑成，外面覆盖着一层石头。中国的这一地区盛产石料。但在西部，因为很难找到石料，所以墙体是由当地的土壤和水混合而成的。墙体被砌入两个木栅栏之间，然后变干、变硬。

埃及吉萨金字塔

埃及吉萨金字塔选用石灰岩为主要建筑材料，并用更为漂亮的花岗石作为装饰。石灰岩在当地很容易开采，但开采花岗岩的最近地点是大约1300千米以外的阿斯旺。考古学家不确定当时的人们是如何将这种石料从那么远的地方运输来的。有一种理论认为，这种石料可能是人们用驳船沿着尼罗河运来的。有可能驳船把这种石料运到尽可能近的地方，然后人畜将它们接力地每次移动一小段距离，最终运到建筑地。接下来的问题是如何将这些巨大的石料运送到金字塔顶端。历史学家认为，古埃及的建筑工人用碎石、沙子或碎泥砖制成坡道，通过人力和畜力把石头推上去。这个坡道的角度不太可能超过10°。如果角度再大，人畜都没有足够的力气把这些石头搬上坡道。历史学家认为，吉萨金字塔（见下图）的坡道围绕金字塔而建造，在最后的石头放好后才被拆除。

砖和水泥

人们使用砖已经有几千年的历史了。在古代的美索不达米亚，砖很重要。最早的古希腊庙宇是用泥砖和茅草屋顶建造的。古埃及最早的简易坟墓也是用泥砖建造的。砖之所以普遍，是因为它是用黏土制成的，而黏土存在于大多数土壤中。它也比石头更容易获得，也更经济。

把黏土或泥浆制成砖的形状，然后在太阳下晾干，就制成了砖。人们后来发现，如果将砖放入窑中加热到更高的温度，它们会更坚固、更耐用。砖块的大小和形状也得到了改善。最初，砖由手工制作成面包形状。后来，建筑工人发现用模具可以更容易

混凝土的使用

古罗马人使用一种由沙子、石灰和水组成的砂浆将砖块固定在一起。公元前2世纪，他们在砂浆中加入了一种新成分，即白榴火山灰，这是在意大利那不勒斯附近的维苏威火山山坡上发现的一种火山灰。砂浆中加入这种火山灰就制成了混凝土，混凝土十分结实，所以古罗马人很快将其用作墙体的内部材料，而砖仅用来建造外壳。后来，一些建筑完全由混凝土建成。

湿的混凝土被灌到木制框架中。混凝土硬化后，木制框架就会被拆除。罗马帝国灭亡后，制造混凝土的技术消失了好几个世纪，直到18世纪才再次在英国出现。1824年，工程师约瑟夫·阿斯普丁（Joseph Aspdin，1778—1855）为波特兰水泥申请了专利，这是一种从英国南海岸采石场采集的高质量混凝土。

制作混凝土板和混凝土墙时，建筑工人会将液体混合物注入木制模具中。建筑工人将混凝土抹平，待其充分干燥后再将模具拆除。

古罗马的万神殿是用混凝土建成的。该建筑的穹顶直径达43.3米，是有史以来最大的非钢筋混凝土穹顶。

地制作出更小、形状更整齐的砖，且在窑中烘烤更为高效。

　　拜占庭及后来的欧洲建筑工人用砖来装饰建筑的表面，而古罗马人通常用石头、大理石或更常见的混凝土来覆盖或装饰用砖砌成的建筑。混凝土坚固，用途广，从公元前150年左右开始，就成为古罗马建筑重要的材料。

从这幅古罗马斗兽场的近景可以看出，古罗马最大的建筑由小砖块建成，外面覆盖一层石板。

中国的长城由城墙和壕沟组成，将山川等自然地貌连接起来，形成横跨中国的防御屏障。

拱门、拱顶和穹顶

　　由石头做成的拱门跨越了较大的空间，可谓建筑史的一个重要里程碑。虽然古埃及人和古希腊人都使用过拱门，但对拱门建筑的发展做出最重要贡献的是古罗马人。

　　古罗马人用石头或混凝土建造的拱门跨度更大，且不受柱和扁梁的限制。柱和扁梁是古希腊建筑中使用的主要技术。

　　现存最令人赞叹的古罗马拱门建筑之一是位于法国尼姆的加尔桥。加尔桥建于2000多年前，有三层拱门。意大利的罗马斗兽场是使用拱门的另一个令人叹为观止的例子。这座圆形建筑建于公元72年—公元80年，共有四层。下面三层由一个个独立的拱门组成，用以支撑这座高大的建筑。

泥砖可以铺在外面，在阳光下晒干。即使不用窑，几天后它也会变硬。

拱顶沿用了拱门的建筑原理。拱顶基本上是一个拱门，它被拉长以形成隧道并构成坚固的顶篷。拱顶可以覆盖比传统的连梁柱结构更大的空间。早在公元前700年，美索不达米亚人就开始使用拱顶，后来古罗马人做了进一步改进。然而，这些简单的筒形拱顶要么需要坚实的扶壁，要么需要非常厚的墙来支撑其重量。公元前1世纪，随着交

连梁柱结构

连梁柱结构是一种最古老的建筑结构。它将一根门楣或横梁放置在两根立在地洞或地基中的木杆或石柱上。最著名的连梁柱建筑之一就是巨石阵（见右图）。这是一个有4000年历史的巨大石阵，建于英格兰西南部的高平原上。连梁柱系统是由古希腊人发明的。

这个系统有它的局限性。门楣的用料在承受张力时必须牢固，而木杆或石柱的用料在承受压力时也必须牢固。在张力的作用下，石柱或木杆会出现裂缝，跨度大的石楣就会坍塌。然而，拱门将张力转化为压力，而石头正好能很好地抵抗这种压力。

起重机

公元前1世纪，古罗马建筑师维特鲁威（Vitruvius）为建筑工人写了一本指导手册，里面第一次记载了起重机的使用。维特鲁威那个时代的起重机一般都是由基本的东西如一个末端有滑轮的长杆构成的。这根长杆被用缆绳固定，而缆绳的一端有一个绞盘。用相对较少的人力就可通过滑轮和绞盘吊起较大的重物。这一古罗马发明在15世纪时得到了改进，当时意大利文艺复兴时期的建筑师发明了桅杆式起重机（见下图）。起重机的滑轮安装在可移动的吊臂的一端，这使得起重机更加灵活有效。在某些情况下，起重机可由一个踏车提供动力。1805年，苏格兰工程师老约翰·雷尼（John Rennie the Elder，1761—1821）发明了由蒸汽机驱动的起重机。41年后，英国制造商威廉·阿姆斯特朗（William Armstrong，1810—1900）在纽卡斯尔码头改造了一台蒸汽驱动式起重机。

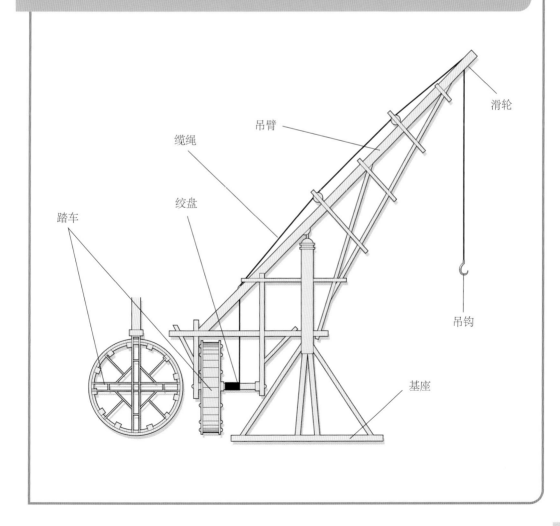

吊臂

缆绳

滑轮

踏车

绞盘

吊钩

基座

工程和技术：建筑和结构

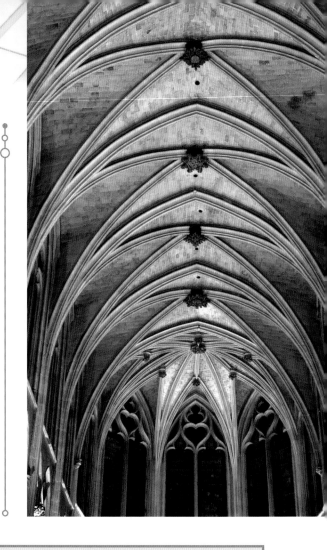

叉拱顶的出现，这个问题得到了一定程度的解决。交叉拱顶呈直角交叉，在拱顶交叉的地方形成的边缘被称为"穹棱"。

交叉处使用了厚重的扶壁，所以墙可以薄一些。拱顶艺术经过几个世纪的缓慢发展，最终于16世纪的欧洲哥特式大教堂达到顶峰。

连锁拱顶、拱门和飞扶壁（用半拱作为支撑）这些高度复杂的建筑方法产生了令人叹为观止的效果。

巴黎的圣塞味利教堂有一个高高的拱形内顶，由从墙柱延伸而出的石肋支撑。

脚手架

古埃及的建筑工人在特制的坡道上建造金字塔这样的高层建筑，但古罗马的建筑工人使用的是脚手架。脚手架是一种搭建在建筑周围的木制框架结构，工人可以站在上面工作。我们对古罗马脚手架的确切特征知之甚少，但它很可能和中世纪欧洲的脚手架很相似。它由木杆和麻绳捆绑而成，建筑越高，木杆越密集。当时脚手架的平台是用枝条制成的。但在15世纪重型机械锯出现后，这些枝条平台便被木板取代了。

现代的脚手架由钢杆组成，钢杆用夹子固定在一起。在亚洲，即使是建造高耸的建筑，也经常使用木制脚手架。

16

拱门

拱门是一种基于数学原理的巧妙结构设计。拱门之所以能起作用，是因为拱门顶端的楔形拱石将其上方的重量向下、向外推到开口的两侧，使重量由两根支撑柱（拱墩）来承载。但是这里的力并不仅仅是简单地垂直向下的，还存在一个侧推力，所以拱门仍需要被加固以防止其底部持续向外移动。

因为拱门在建造的过程中无法支撑自己，所以建造时需要建在临时的支撑物上。这个临时的支撑物被叫作拱架。拱架通常是木制的，并能通过底部进行自我支撑。从任意一端的拱墩开始放置楔形拱石，直到两边几乎在中间会合。此时，在中间放置拱心石。拱心石是将整个拱门连在一起的中央楔形拱石。

12世纪，欧洲的建筑师发现古罗马的半圆形拱门（见下图1）并不是最有效的拱门。他们发现，相对于跨度，拱门的高度（拱高）越高，施加在拱门底部的侧推力就越小。这一发现催生了哥特式拱门（见下图2），造就了欧洲中世纪晚期的各大教堂。

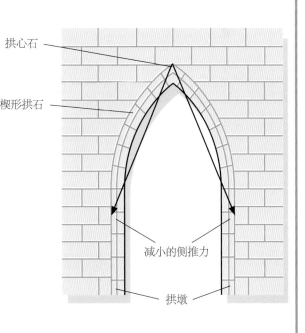

1. 古罗马半圆形拱门

拱心石
楔形拱石
拱高
跨度
侧推力
拱墩

2. 哥特式拱门

减小的侧推力
拱墩

西班牙莱昂大教堂的高塔由扶壁连接，以提供额外的支撑。

改进穹顶

另一种在中世纪欧洲复兴的古罗马建筑结构是穹顶。从原理上讲，穹顶就像一个圆形的拱门。由于要承载很大的重量，因此它的支撑墙必须非常厚，以抵消侧推力带来的问题。例如，古希腊的万神殿需要6米厚的墙来支撑其45米的跨度。1432年，意大利建筑师菲利波·布鲁内列斯基（Filippo Brunelleschi，1377－1446）试图通过在佛罗伦萨大教堂穹顶底部添加拱肋来解决这个问题。

圣保罗大教堂的穹顶由英国建筑师克里斯托弗·雷恩（Christopher Wren，1632－1723）设计，于1710年完工，它也是出于同样的原因而通过锁链环绕加固的。

相关信息

- 据2016年《中国长城报告》，中国的长城资源遗存总数43721处，墙壕遗存总长度为21196.18千米。

- 人们认为，迄今为止发现的最古老的帐篷有4万多年的历史。这顶发现于俄罗斯的帐篷，用猛犸象的骨头作支撑，外面覆盖着猛犸象皮。

- 世界上最大的冰屋是瑞典尤卡斯亚维（Jukkasjärvi）的冰雪酒店。这里的冰屋每年重建一次，占地3500平方米，里面有一个教堂和一个电影院。

- 埃及吉萨的胡夫金字塔高约147米，大约由200万块石头建成，每一块平均重2.5吨。

然而，从西罗马帝国灭亡到大约1300年后的工业革命期间，除更好的穹顶外，世界上的建筑技术几乎没有什么进步。甚至到了18世纪，世界上的建筑工人所使用的大部分技术，仍无异于几百年甚至几千年前他们的祖先所使用的技术。工业革命期间发现的钢铁制造的新方法，给建筑业带来了一场革命。

耶路撒冷的圆顶清真寺建于公元7世纪，它的圆顶是在一个八边形的基座上用木头建造的。

社会和发明

烟囱

古罗马人发明了复杂的建筑供暖方法，其中最著名的是使用隐藏在墙壁和地板下的热管道供暖，但随着西罗马帝国的灭亡，这些技术都失传了。在中世纪早期的欧洲，大多数建筑都是围绕着大型公共房间而建造的，在房间的中央可以生火取暖。生火产生的烟会从屋顶上的孔逸出。这种设计并不令人满意，因为风和雨会通过这个孔进来，而相当多的烟又留在了房间里。12世纪到14世纪期间，砖砌壁炉和烟囱的出现解决了这些问题。大部分的烟都通过烟囱排到了外面。这一发明具有重大的社会影响，它让小房间也能够取暖，使人们不需要再建造大厅堂，它还改变了公共生活方式。

汉普顿宫修建于1515年，有241个烟囱，其中很多都有华丽的装饰图案。

现代建筑

自古埃及和美索不达米亚文明开始，人类就居住在城市里。但直到最近200年，城市才发展到我们今天所知的规模和密度，现代建筑也随之发展了起来。

工业革命推动了农业社会向工业社会转化的进程。1760年左右，它首先在英国兴起，然后迅速蔓延到欧洲各国。

到19世纪50年代，西方大部分地区已经实现了工业化，但是同样的进程现在仍然在世界其他地区上演。工业革命首次促使人们从农村大规模迁移到城市的新工厂工作。

迪拜的哈利法塔是目前世界上最高的建筑，高828米，乘坐电梯只需60秒就能从地面升至位于124层的观景台。

伦敦的水晶宫

水晶宫是按照植物学家约瑟夫·帕克斯顿爵士（Sir Joseph Paxton，1801—1865）的设计建造的，它实际是为1851年伦敦世博会修建的用铁和玻璃制成的巨大温室。这座巨大的建筑长563米，占地92243平方米，采用了高度创新的建筑技术，这在工业革命之前是不可能实现的。这座建筑完全由可换的标准化部件组成，其中绝大多数部件是批量生产的。构成建筑框架的铁棍在现场被拴在一起。整个工程组织严密，只花了9个月的时间便完成了。这座建筑采用了专门的设计方法，可以拆卸以便移到其他地方重新组装。它于1936年被烧毁。

这意味着城市必须能够容纳大量人口，这就是城市的开端。虽然现代城市错综复杂，但为数极少的几项发明使其成为可能，其中最著名的是金属框架建筑和钢筋混凝土的使用。

铁建筑时代

工业革命带来了许多巨大变化，其中最重要的就是铁在建筑中的广泛使用。最早的例证之一就是1779年在英国科尔布鲁克代尔建造的铁桥。铁不仅比木材和石头可塑性更好、更坚固，还可以大规模生产。

钢的强度更大。而且1856年之后，贝塞麦炼钢法的发明，使人们可以从熔化的生铁中炼出钢，且可以大量生产钢。贝塞麦转换器就是以发明者英国工程师亨利·贝塞麦

铁桥镇以"工业革命的诞生地"而闻名。科尔布鲁克代尔矿区附近兴建了一座具有开创意义的全金属铁桥，铁桥镇就是在这座铁桥周围发展起来的。

埃菲尔铁塔

最著名的铁框架建筑当属为1889年巴黎世博会而设计的埃菲尔铁塔。它是以法国工程师古斯塔夫·埃菲尔（Gustave Eiffel，1832—1923）的名字命名的。他还设计了支撑纽约自由女神像的巨大钢结构。

埃菲尔铁塔高324米，在1930年之前一直是世界上最高的建筑。

社会和发明

古代的摩天大楼

也门首都萨那拥有世界上最古老的公寓楼。这些古老的大楼有1400年的历史，虽然是用黏土砖建成的，但也有好几层楼高。与在现代城市一样，土地所有者必须筑起高楼，以充分利用城市拥挤的空间。

（Henry Bessemer，1813—1898）的名字命名的。

之后不久，钢铁就被应用于建筑中。伦敦巨大的水晶宫就是用钢铁建造的。又过了没多久，工程师们开始有了更宏伟的想法。

轻骨构造

到19世纪中期，铁框架建筑开始在美国芝加哥兴起。这是芝加哥第二次走在建筑创新的前沿。

1830年左右，由于G. W. 斯诺（G. W. Snow）发明了轻骨构造，芝加哥得以迅速扩张。所谓轻骨构造，是在木制框架上建造房屋：长而垂直的木条从屋顶延伸到地板，被用钉子钉在木板或托梁上。轻骨构造的成本只有传统木工的一半，而且建造速度更快。

1902年在纽约建造的熨斗大厦是最早的摩天大楼之一。它的名字来源于它的长三角形状。

摩天大楼的兴起

具有讽刺意味的是，轻骨构造成功的原因也是其衰落的直接原因。1871年，一场大火烧毁了芝加哥许多轻骨构造的建筑。之后，一群被称为"芝加哥学派"的建筑师开始用铁框架来建造建筑。

随着城市的发展，城市中心地带的地价开始上涨。最大限度地利用可用空间变得非常重要。

从理论上讲，一栋建筑可以不断地增高，但是有两个实际的困难。首先，不能指望人们爬上数百层楼。其次，砖石结构的重量和抗压能力决定了不可能用其来建造16层以上的建筑。

电梯

电梯的载客轿厢由一组被称为曳引绳的坚固钢缆上下拖动。这些钢缆绕在一个滑轮上，而滑轮连接着建筑物屋顶上的一个电动马达。轿厢的重量利用一个对重装置加以平衡，这样就大大减小了提升轿厢所需的动力。

早期的电梯摇摇晃晃，十分危险。如果钢缆断开，电梯就会摔到地上。这种情况在1854年发生了改变。伊莱沙·G. 奥的斯（Elisha G. Otis，1811—1861）发明了一种有安全夹的电梯。奥的斯电梯的轿厢在有齿边的导轨之间行驶。如果钢缆断开，金属杠杆就会从轿厢里向外弹出，锁在齿上，从而阻止轿厢坠落。

1857年，奥的斯公司为纽约 E. V. Haughwout 瓷器商店设计了世界上第一个载客电梯。奥的斯电梯由蒸汽驱动（电动电梯在25年后才出现），能以每分钟12米的速度运送6个人。现代电梯的速度要快得多，最高可达每分钟510米。从理论上说，现代电梯实际上可以移动得更快，但乘客或许会感到不安或不舒服。

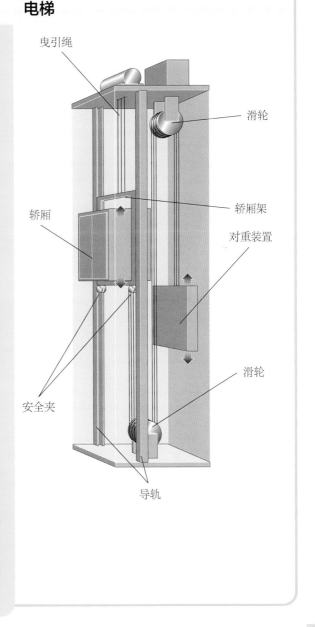

曳引绳

滑轮

轿厢架

对重装置

轿厢

滑轮

安全夹

导轨

这是法国马赛公寓住宅项目的部分屋顶，由建筑师勒·柯布西耶（Le Corbusier，1887—1965）设计。这座建筑物是用钢筋混凝土建造的。

第一个问题在1854年得到了解决。当时，美国发明家伊莱沙·G. 奥的斯发明了一种带有安全装置的电梯。第二个问题由芝加哥工程师威廉·L. 詹尼（William L. Jenney，1832—1907）解决，他为家庭保险大楼（1885年建成）研发了一种由铸铁柱和铸铁梁构成的坚固骨架。这两项发明消除了以往建筑的高度限制，使得现代城市的地标性建筑——摩天大楼得以面世。这一新设计彻底改变了现代城市中心的建筑，也改变了

形式与功能

19世纪下半叶在芝加哥和法国出现的新构造技术使得建筑的功能性越来越强。建筑的外部基本上是钢骨架，钢骨架的外面覆盖着砖石、混凝土和玻璃。而建筑的内部仍然有承重墙，以帮助支撑建筑的重量。建筑的内部装修与过去的建筑几乎没有什么不同。

法国建筑师奥古斯特·佩雷（Auguste Perret，1874—1954）的发明，使这种情况发生了改变。他发现，拥有坚固钢框架的建筑不再需要内部承重墙。他设计的位于巴黎富兰克林街25b的公寓楼就没有使用内墙，从而形成了大面积的开放空间。这一革命性的建筑是开放式设计的先驱，而开放式设计如今已非常普遍。

清洁表面为玻璃的建筑物是一项大工程，在本图中，清洁工必须借助登山设备来完成任务。

钢筋混凝土

虽然从古罗马时代就有了混凝土，但直到19世纪中期，用钢铁加固混凝土的想法才浮出水面。最早进行钢筋混凝土实验的是法国园丁约瑟夫·莫尼尔（Joseph Monier，1823—1906）。他在1867年为一个由铁笼加固的花盆申请了专利。很快，法国建筑商弗朗索瓦·亨内比克（François Hennebique，1842—1921）便在此基础上做了改进，开始使用铁条来加固砖石地板。

亨内比克意识到，笔直的铁条不能像弯曲的铁条那样有效地加固混凝土，也就无法在最需要的地方提供支撑。混凝土在压力下（受压时）很强，但在张力下（被拉伸时）很弱。图1显示了一个由三根柱子支撑的梁，以及承受张力和压力最大的区域。图2中的直铁条加固了混凝土，但不能支撑张力最大的区域。然而，图3中的铁条改变了形状，为混凝土受力最大的区域提供了支撑。

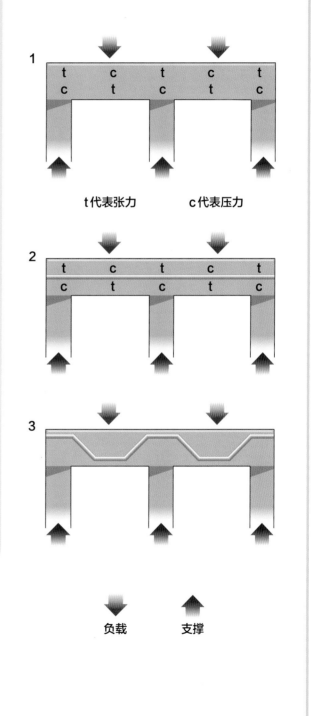

1

t代表张力   c代表压力

2

3

负载   支撑

本图为一根混凝土柱子，上面露出了钢筋。混凝土内部的金属腐蚀后，混凝土可能会开裂。

美国圣路易斯拱门，亦称"西进之门"，以钢筋混凝土为核心，外面覆盖着钢板。

土木工程。

混凝土和钢

  威廉·L.詹尼的第一座摩天大楼有很多创新，但其墙壁仍然是石砌的。1892年，法国工程师弗朗索瓦·亨内比克申请了钢筋混凝土的专利。这是一种将钢筋嵌入混凝土中，从而制造出一种比混凝土或钢筋更坚固的材料的方法。钢筋混凝土确实改变了建筑的面貌，如今几乎所有大型建筑和结构都使用钢筋混凝土。

  大多数人认为，典型的现代建筑是在包豪斯设计学院发展起来的。德国建筑师瓦尔特·格罗皮乌斯（Walter Gropius，1883－1969）和路德维希·密斯·凡德罗（Ludwig Mies van der Rohe，1886－1969）作为院长，带领这一极具影响力的学院开创了一种简约、高度实用的建筑风格，被称为"现代主义"。现代主义的灵感来自对机器力量的热爱和对乌托邦社会愿景的信仰。

  当时最具影响力的建筑师是瑞士建筑师勒·柯布西耶（Le Corbusier）。1923年，勒·柯布西耶在《走向新建筑》一书中

空调系统

  20世纪，空调在建筑中被普遍使用。美国人威利斯·H.开利（Willis H. Carrier，1876－1950）是空调发展历程中的一位关键人物。

  现在，空调的种类很多，但它们的工作原理都是一样的。进入空调的空气先经过玻璃纤维棉过滤器或喷射的水流进行清洁；然后空气会经过装有制冷剂或热水的盘管，以调节温度；最后，为了达到理想的湿度，在风扇系统将空气吹回房间之前，空气中的水分会被添加或被带走。

图中这条小巷里的空调将热量和湿气从建筑物中"抽走"。

发表了自己的观点，因此成为建筑界最具创新性和争议性的人物之一。

他认为房子应该是一个"供人居住的机器"，这一信念源于他对汽车和横渡大西洋的轮船的崇拜。此外，他还提出了大规模廉价住房的概念。大多数人一想到现代主义建筑，脑海中就会浮现出混凝土、钢铁和玻璃构成的场景。然而，现代主义也使世界各

现代主义建筑可以像个简单的盒子，拥有宽敞、开放的生活空间。一般来说，建筑的整面墙就是一扇窗户，室内光线充足，通风良好。

社会和发明

住宅设计

法国的"马赛公寓"建于1946年至1952年。这是勒·柯布西耶在社会住房方面的革命性实验。这幢超过18层的建筑如同一个小镇，拥有337套公寓，可容纳1800人。宽阔的走廊贯穿其中，通向自带楼梯的错层公寓。屋顶上有一个花园、一个游泳池，甚至还有一个带有洞穴和隧道的儿童游乐区。公寓楼里还有商店、学校和露天剧院。

其他建筑师错误地解读了勒·柯布西耶的理念，他们试图用少量的预算来复制他的想法。所以遗憾的是，现在人们记住勒·柯布西耶这位建筑师，却是因为他的作品导致了设计糟糕的高层公寓楼。

如果设计得当、维护合理，高层公寓楼可以是很多人共同居住的理想之处。

弗兰克·劳埃德·赖特

尽管许多现代主义建筑可以追溯到 19 世纪 50 年代在芝加哥首创的格栅形摩天大楼，但并非所有的建筑都沿着这条路发展。颇具影响力的芝加哥建筑师弗兰克·劳埃德·赖特（Frank Lloyd Wright，1867—1959）发展了他自己的有机建筑风格。通过利用自然界的元素，他的建筑似乎是从周围的环境中迅速而和谐地生长出来的。由于它们长长的水平面接近地面，所以能一眼被认出来。他最著名的建筑是 1937 年在美国宾夕法尼亚州建造的大房子——"流水别墅"，它建在瀑布之上，这个瀑布是此建筑不可或缺的一部分。

地出现了一些耀眼的设计。

最好的一个例子当属纽约肯尼迪国际机场的环球航空公司候机楼。该楼于 1962 年完工，由芬兰建筑师埃罗·沙里宁（Eero Saarinen，1910—1961）设计。其优雅的"翅膀"，是钢筋混凝土别具想象力的应用。沙里宁还设计了圣路易斯拱门。现代主义建筑还采用一些引人注目的内部特征，如中庭。

美国建筑师兼工程师理查德·巴克敏斯特·富勒（Richard Buckminster Fuller，1895—1983）提出了一种用封闭空间建造建筑的方法。这种方法超出了人们的想象。

富勒还发明了短程线穹顶，这种穹顶

巴西利亚国会大厦由一仰一覆两个半球体组成。参议院位于左边的半球中，而众议院位于右边半球中。

短程线穹顶和框架

传统建筑中材料的重量，以及居住者和内部容纳物的重量，必须在结构的关键点上得到支撑。这些重量由外墙和一些内部墙（承重墙）来支撑。在现代的摩天大楼中，这些重量均匀地分布在建筑的金属框架中。短程线穹顶则通过三角形和六边形的均匀分布来支撑建筑或屋顶的重量。框架中的每根支柱都承载同样的重量。因为有很多的支柱，每一根支柱只需承载相对较小的重量，因此它可以由轻质材料制成。这种结构的中间不需要柱子或墙，所以是体育场馆、博物馆和展厅这类需要很大开放空间的建筑的理想选择。

这座摩天大楼酒店的中心有一个中庭。这个空间不仅提供了光线，还充当了烟囱，排出上升的暖流。中庭的底部通常有一个收集雨水的水池。

是一个由六边形组成的巨大球体。富勒设计的最大的穹顶，直径达117米，是1958年为美国的 Union Tank Car 公司生产的。他最广为人知的设计可能当属1967年加拿大蒙特利尔世博会的美国馆。此展馆是一个直径75米的巨大穹顶，上面覆盖着一层塑料外壳。用于公共展览建筑和体育场的空间框架与富勒的短程线穹顶很相似。

这座短程线穹顶建筑位于加拿大温哥华，于1989年开放。

绿色家园

人们越来越关注环境，因此建筑的设计和建造要尽可能减少污染。绿色建筑通常利用屋顶上的太阳能板或大面积玻璃吸收太阳热量。有些绿色建筑的设计实现了空气在建筑中的自由流通，所以不需要空调。还有些绿色建筑设计成部分建在地下或在屋顶上覆盖草皮，以与环境融为一体。

图中是上海的高楼大厦，上海是一个以美丽、豪华大楼而闻名的城市。正是因为有了现代材料，建筑师才得以创造出独特的摩天大楼。

现代城市

现代城市不仅仅是混凝土摩天大楼的集合。从古希腊和古罗马时代开始，城市的规划就取得了不同程度的成功。美国一些大城市都经过了非常详细的规划。华盛顿特区早在1791年就已开始实施规划。1956年，巴西计划建立一个新的首都——巴西利亚。1960年，巴西利亚建成，它以其众多不寻常的建筑而闻名，是建筑师奥斯卡·尼迈耶（Oscar Niemeyer，1907—2012）的杰作。尼迈耶是现代主义的关键人物之一。

环境规划

关于城市规划的理念不仅源于建筑，也源于环保主义。19世纪末，英国富有远见的埃比尼泽·霍华德爵士（Sir Ebenezer Howard，1850—1928）为了改善工业革命造成的糟糕的城市环境，提出了"花园城市"的概念。花园城市被精心划分为商业区和住宅区，并有永久的绿化带，给人一种乡村的

位于意大利米兰的"垂直森林"公寓楼（两座摩天"树塔"），于2014年完工。这一建筑是为了在人口稠密的地区增加住房，同时改善空气质量而设计的。大约2万棵树和多年生植物吸收着城市中的二氧化碳，也为居民阻隔了来自下面繁忙街道的噪声和灰尘。

印象。

　　20世纪二三十年代，这些理念在其他地方被成功地复制，如美国马里兰州的格林贝尔特市。

　　由于认识到了城市对环境的巨大影响，因此城市规划者正在设计无车街道，并使医院和学校等公共建筑尽可能靠近交通枢纽。然而，城市规划似乎总是落后于人们的需求。高速的互联网使得人们可以在家里工作、学习和购物，而无须乘车去市里上班。正如工业革命塑造了今天的城市一样，21世纪的技术革命也将塑造未来的城市。

社会和发明

城市规划

　　一些世界上最古老的城市是由许多小村庄和城镇随意演变而来的，比如英国的伦敦。与此相反，法国的巴黎（见右图）则是根据19世纪50年代乔治-欧仁·奥斯曼（Georges-Eugène Haussmann，1809—1891）的规划重建的，它的许多建筑现在因其古老的魅力而受到赞赏。在大多数情况下，今天的城市都包含了现代规划区域和历史悠久的古街区。

　　规划一个城市需要仔细考虑在哪里安置住房、办公室、工厂、娱乐区、铁路、地铁和公路。通常，不同的功能规划在不同的地方或区域。城市规划包括保护历史建筑、改造被遗弃的地区，以及确保城市及其居民对环境产生的影响最小。

法国巴黎的中心有12条宽阔的大道，从星形广场（现名为戴高乐广场）的中心点向四周扩展呈星状。按照规划，这些大道取代了以前市中心狭窄的街道。

水的治理

纵观历史，人们一直在寻找新的方法来更有效地控制和利用水。几个世纪以来，这些努力促成了地球上最大的工程项目。

最早的主要供水系统可以追溯到5000多年前，用于灌溉农作物。至于饮用水，人们会从最近的干净小溪或山泉中取水，或者专门挖井来获得地下水。随着城市的发展，大规模公共供水体系开始建设。例如，耶路撒冷大约在公元前1000年就拥有了广泛的地下储水设施。

罗马帝国拥有最著名的古代供水系统，许多大型工程留存至今。古罗马人曾修建长达数千米的输水道来供应喷泉和浴室用水。

输水道把山上的泉水引到城里。为了跨

输水道

输水道是一种很长的渠道，可以将自然水源的水从高处输送到地势较低的城镇和城市。最早的输水道修建于亚美尼亚，可以追溯到公元前700年左右。输水道依靠重力来发挥作用，所以必须逐渐向下倾斜。因此，它们经常被迫采取迂回路线。为古罗马供水的马西娅水道建于公元前144年至公元前140年。尽管这个水道的水源仅在37千米之外，但其全长有91千米。马西娅水道每天约供水1.71亿升。

法国的加尔桥输水道有2000年的历史，每天输送2亿升的水。

图中的远洋货船正通过巴拿马的巨大船闸。巴拿马运河是中美洲一条连接大西洋和太平洋的航道。

越深谷，古罗马人（以及更早的古希腊人）有时会使用倒虹吸管——一种使水流沿坡度向下输送然后又向上输送至另一侧的管道。如果管道足够坚固，总是充满水，并且能够在较低的水位释放水，虹吸管就能工作。

在古代，人们用各种各样的机器获取水，比如汲水吊杆、波斯转轮、阿基米德螺旋泵及早期的泵。汲水吊杆是一种带有平衡物的杆子，用来从沟渠中汲水。波斯转轮是一串用畜力驱动的陶罐。阿基米德螺旋泵是一种用手旋转来提水的螺旋状装置。

清理

直到 18 世纪和 19 世纪，规模上能和古

罗马供水系统相媲美的供水系统才出现。当时，欧洲新兴工业城市迫切需要更好的供水系统，以对抗以水为传播媒介的疾病，并提供工业用水。除了以重力为基础的供水系统，以蒸汽驱动的水泵也出现了，这些水泵推动水通过封闭的水管或进入水塔。这一转变最终促进了今天大规模供水系统的形成。

伊斯坦布尔的供水系统

罗马帝国的君士坦丁堡（现今的伊斯坦布尔）把水储存在地下蓄水池中，形成了一个地下储水系统。这座城市有几百个蓄水池，许多是由查士丁尼大帝于公元 6 世纪下令建造的。水来自北部几千米外的森林，通过一系列输水道被输送到蓄水池。1555 年，苏莱曼一世下令建造了一个新的供水系统，将泉水引入了公共喷泉。

巴西利卡蓄水池是伊斯坦布尔最大的蓄水池，它的圆柱群撑起的空间可以容纳 9.07 万吨水。

河流和洪水控制

　　许多文明都是在河流周围发展起来的，然而大多数河流都会不时地发洪水。有时洪水是可以预测的，比如每年的尼罗河洪水，它让古埃及变得富饶。但不可预测的洪水会造成灾难。对于一些河流，比如中国的黄河，防洪措施可以追溯到几千年前。

　　防洪措施包括加深和拉直河道、建造防洪堤，以及在城市中建造额外的溢洪道。许多控制河流的大型方案是在20世纪引进的，其中包括修建水坝以阻挡洪水。但是，河流十分复杂，而人为干预有时会产生副作用，比如在某个地方加高堤岸，可能会使下

洪水的影响对农业、工业和人们的生活都是毁灭性的。2019年3月，美国艾奥瓦州太平洋枢纽镇的一座防洪堤决堤，导致该城镇被淹（见下图）。

在中国长江上修建的三峡大坝（见右图）是有史以来最大的土木工程项目之一，大坝的水库长达660千米。

游的洪水更加严重。1993年，美国密西西比河发洪水后，人们开始争论，提高河水流速的工程项目是否会让情况变得更糟？

水坝

　　人们从古代就开始建造水坝，主要用来储水或引水灌溉。已知最早的水坝建于公元前2900年左右，位于古埃及尼罗河上的考赛施干，它的目的是为古埃及的孟斐斯供水。

　　许多早期水坝都建在中东，这一点不足为奇，因为那里缺乏定期的降雨。巴比伦人和亚述人大约从公元前700年就开始修建

水坝

水坝有两种类型，分别是重力坝和拱坝。重力坝是大型的堤防，依靠自身重量来抵挡水的压力。拱坝较窄，利用拱形将水的力量转移到边上。拱坝由混凝土制成，一般建在周围岩石很坚固的狭窄峡谷中。

重力坝由泥土、石块或混凝土混合建造而成。这种水坝的中心为由无孔黏土制成的心墙，用来阻挡水，顶部有一个石盖（被称为抛石），以防止海浪的侵蚀。

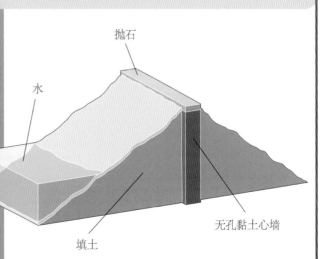

最大的重力坝是用当地的泥土或其他材料筑成的堤坝。

水坝了。

在过去的200年里，人们在利用科学原理最大限度地提高水坝设计的效率方面，做出了相当大的努力。19世纪中期，苏格兰人威廉·兰金（William Rankine，1820—1872）等工程师开始研究水坝所承受的力以及不同形状的水坝承受这些力的方式。

事实证明，拱坝是最有效的。随着水

图中是挖掘出的古罗马厕所。在罗马帝国，人人都使用公共厕所，里面没有隔间，也没有厕纸，大家共用一块缠在木棍上的海绵。

坝的设计变得更加科学，人们可以建造更大的水坝。很多水坝上还建了水电站，以充分利用水能。

污水处理

处理生活污水的有效方法出现得比供水系统晚很多。虽然像摩亨佐-达罗（位于现今的巴基斯坦）这样的古老城市有复杂的排水系统，但大多数情况下，主要用于清除地表水。到19世纪，人类排泄物还经常未经处理就被扔进最近的河里，有些国家直到现在仍然如此。从18世纪开始使用的厕所经常与深坑或化粪池相连。大型工业城市的发展使情况变得更糟。19世纪50年代，英格兰流行的霍乱就源于公共水井的水污染。

在人们认识到清洁的饮用水十分重要后，一些工业国家开始建设排污系统。起初，排污管道被连接到已有的用来收集雨水

水的净化

如果人们想保持健康，水的净化就很重要。古罗马人用沙子过滤水，或者把水煮沸。他们将某个水源的水（比如通过输水道从山上引来的泉水）当作饮用水，而用其他水源的水来洗衣服。使用前他们也会把水中的沉淀物沉淀出来。

在许多国家，从水龙头里流出的水用于清洗和烹饪通常是安全的，但饮用前可能需要进一步净化。人们用过滤壶（见下图）去除水中多余的矿物质和蓄水池中可能影响水味道的化学物质。

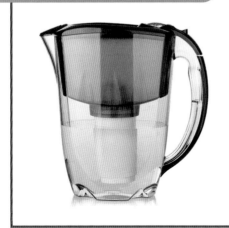

污水处理

在现代的城市污水处理工厂中，污水在排入河流和水道之前要经过两到三个阶段。在一级处理阶段，污水通过一个过滤器，去除其中最大部分的废弃物。之后污水流入沉沙池。在这里，沙子等物质会沉淀到池底。然后污水通过一级沉淀池，其中的细颗粒慢慢沉到池底。

在二级处理阶段，污水将进一步暴露在细菌下，在细菌的自然作用下进行净化。一种方法是让压缩的空气通过污水（称为"活性污泥法"）。三级处理阶段包括对污水进行辐射处理。

油腻的液体浮到沉淀池的表面，被围油栏撇去。加入化学物质后，小颗粒会聚集成大颗粒，直到沉到池底。

在英国伦敦，约翰·斯诺（John Snow）医生最先意识到霍乱是通过水传播的，干净的水对公众健康至关重要。之后伦敦便重建了水泵。

的排水沟。这意味着未经处理的人类排泄物会流入附近的河流或海洋。到19世纪末，人们建立了专门的污水处理工厂。

第一批污水处理工厂的水箱，会在污水排入河流之前，让悬浮物质沉淀成污泥，这叫作"一级处理"。现代污水处理工厂使用更精细的净化系统，水通常被循环使用而不会被排放掉。

海岸防御

从远古时代起，港口就建有外部防御工事（防波堤），以保护抛锚的船只。现代防波堤通常使用四角护堤块来吸收海浪的冲击力。四角护堤块是相互交错的巨大混凝土块。有些防波堤会被建成垂直的墙体，来反射而不是吸收海浪的冲击力。

类似的防御工程也适用于一般的海岸

线。河口地势低，人口众多，是最脆弱的地区。风暴潮可能引起灾难性的洪水。如今全球变暖，海平面上升，海岸防御变得尤为重要。

全球担忧

气候变化和人口快速增长给世界水资源带来了巨大压力。科学家正在寻找更巧妙的方法来管理水资源。

从20世纪50年代起，中东地区和美国加利福尼亚州就开始使用海水淡化厂来去除海水中的盐，但如果没有廉价的能源，这些工厂的运营成本会很高。目前，多用途水资源项目试图将灌溉、水力发电和洪水控制结合起来，以最大限度地获得这些巨大且昂贵的项目的潜在益处。

相关信息

- 世界城市人口平均每人每天消耗300~600升水。相比之下，欠发达国家的农村地区每人每天仅消耗20~30升水。
- 地球上的水量是固定的。据科学家估计，这一数字约为14亿立方千米。世界上大约97%的水在海洋中。
- 世界上规模最大的混凝土重力坝是中国的三峡大坝，长2335米，高181米；最高的大坝是中国的锦屏一级水电站，高305米。

几个世纪以来，荷兰的风车一直被用于从低于海平面的地区抽水。

英国伦敦的泰晤士河水闸是一座旋转水坝，它可以拦截泰晤士河，阻止洪水淹没整个城市。

社会和发明

三角洲计划

1953年，荷兰的莱茵河三角洲被一场大洪水摧毁，成千上万的人死亡，大片的土地被洪水破坏。该地区很快成为一个名为"三角洲计划"的大型海防项目的目标。入海口被水坝（见右图）封锁，形成无潮湖。然而，人们对环境问题越来越重视，最初的计划也因此改变。一个只有在潮水达到危险高度时才起作用的风暴潮防护堤代替了主坝。而其他时候，潮水会照常涨落，环境因此得到保护。

荷兰的水坝保护着这片土地。但由于这些水坝的阻拦，莱茵河流入大海时携带的泥沙减少，使得海岸线不断受到侵蚀。

桥梁和隧道

人们开始修建道路以来，桥梁和隧道便让人们可以从障碍物的上面、下面或中间通过，而不必绕路而行。

桥的上面会形成一条路，被称为桥面。要做到这一点，桥必须有一个特殊的结构来支撑桥面和桥上所有人和物的重量，并将重量分散到桥与地面的接触点上。

梁桥

最简单的桥是梁桥，它是树倒下时横跨在溪流上自然形成的。树干承受着行人的

港珠澳大桥长55千米。它由桥梁、隧道和人工岛组成，是世界上最长的跨海通道。

重量，并将重量分散到河两岸。河两岸之间的距离为跨度。因为树干中间没有支撑，站在中间的人的重量会使树干弯曲。如果树干不够结实，它就会被断裂。对于建造桥梁的人来说，这是一个基本的工程问题，而且有许多不同的解决方案。

板桥——梁桥的一种变体，是用石头建造的，但这种方法也可以用来建造木桥。

桥的种类

所有桥都是四种简单设计的变体，即梁桥、拱桥、悬索桥和悬臂桥。这四种桥的主要不同之处在于它们的承重方式不同。

在简单的梁桥（见图1）中，桥负载的重量由两根支撑柱来承担。当梁在其负载的重量作用下弯曲时，它就会被拉伸。因此，用于建造梁桥的材料必须能够承载很大的张力。石头不能很好地承载张力，所以古代梁桥的跨度有限。

为了克服这一缺点，古罗马人和其他早期文明的人开始建造拱桥（见图2）。拱桥负载的重量会向外侧施加力，因此能被侧面稳固地支撑着。

悬索桥（见图3）的桥面由塔上悬挂的钢索吊起。桥负载的一小部分重量通过塔的地基向下推，而大部分重量由深深固定在桥两边地面上的钢索负载。

最后一种是悬臂桥（见图4）。桥完全平衡的两部分由一个短的悬挂部分连接。在桥与岸相接的地方，任何向下穿过支撑柱的推力都被大小相等但方向相反的向上推力抵消了。

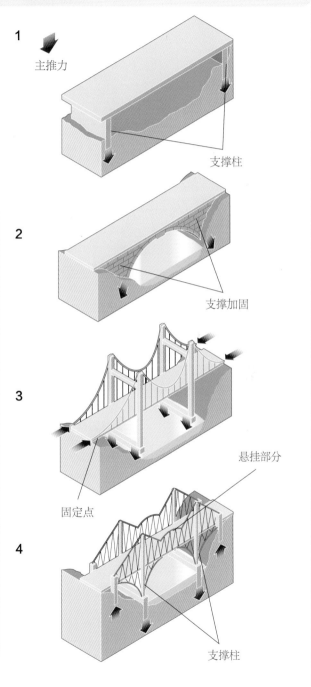

1

主推力

支撑柱

2

支撑加固

3

悬挂部分

固定点

4

支撑柱

板桥

现存最古老的人造桥是梁桥的一种变体，被称为板桥。一块块平坦的石头堆积起来，形成桥墩，在其顶部放置更大、更长的石头，形成桥面。早在公元前 2000 年，人们就开始建造板桥，其中有很多留存至今，甚至仍在使用。

里亚托桥是一座有 420 年历史的拱桥，横跨意大利威尼斯的大运河。这座桥上有一个带顶的人行道，两旁商店林立。

这座有 700 年历史的板桥曾经是穿越英格兰西南部德文郡的主要通道之一。如今，人们使用的是一座建于 1780 年的拱桥。

在史前时代，人们将木墩锤入河床，然后在上面铺设横梁，以方便人们穿越沼泽地。还有一种稍微复杂一点的梁桥，它的两边有两根平行的梁，在两根梁之间铺设上木板，从而形成一个宽的桥面。

梁桥的另一种变体是箱梁桥。英国铁路工程师罗伯特·斯蒂芬森（Robert Stephenson，1803—1859）最早在桥的建造中使用了箱梁。他于 1846—1850 年设计并建造的

布列坦尼亚桥，是一条横跨威尔士梅奈海峡的铁路，由两个长方形的铸铁管组成。箱型结构使铸铁管非常坚固。斯蒂芬森原本计划用悬索提供额外的支撑，但当最后一段梁到位时，他意识到，即使不用悬索，这座桥也足够坚固。

拱桥

现今留存的许多古老的桥都是用拱来支撑的。拱在桥中的作用与在建筑物中的作用是一样的，即把自己的重量和桥面上的重量转移到两侧。

桥面弯曲产生的力会导致梁桥断裂，但拱很好地解决了这一问题。导致拱桥倒塌的唯一情况是使它向两侧延伸——一系列的拱在接合处会互相"推挤"，所以只有在拱与河岸（桥台）接合的地方才会出问题。因此，拱桥的桥梁必须有结实的地基。

两千年来，西方已知的拱桥都是半圆形拱桥。这就产生了一个问题——跨过拱顶的桥面很难形成一个平面，不适合马车通过。解决的办法是让拱的弧度更小。

早在公元 600 年左右，中国人就开始建造分段拱桥，但直到 1345 年意大利佛罗伦萨建造了维琪奥桥（即"老桥"），这种技术才传到西方。

直到今天，拱桥仍然很受欢迎。现代的拱桥通常是用钢或钢筋混凝土整体建成的。

桁架桥

桁架桥是梁桥的另一种成功变体。桁架桥桥面的两边都搭着三角桁架。这加固了桥的结构，使其在承受重负荷时不容易断裂。第一座桁架桥是由意大利人安德烈亚·帕拉迪奥（Andrea Palladio，1508—1580）设计并建造的。

合理建造的桁架桥非常稳定。横跨美国西部的大部分铁路桥梁采用的都是木制桁架结构。不过，现在的桁架桥是由钢铁制成的。

图中，卡车正穿过澳大利亚新南威尔士州纳鲁马建造的桁架桥。三角桁架赋予了这种桥很高的强度。

悬臂桥

悬臂桥起源于亚洲。它由一根从码头延伸出来的长梁组成，这根长梁与码头另一侧的另一根梁相平衡。最早的悬臂桥是用木板建造的。悬臂的中间由一个短的悬挂部分连接，这使得悬臂桥的设计非常稳定。

在西方世界，悬臂设计在铁路桥的建造中很流行，悬臂由钢铁建造，通过一个相同的部分来平衡，并延伸到桥墩对面的土中。因为所有的重量都是通过桥墩向下推的，所以对于像火车这样的重型交通工具来说，这是一种很好的设计。第一座现代悬臂

福斯桥建于1890年，是世界第二长悬臂桥，仅次于加拿大魁北克大桥。

相关信息

- 世界上跨度最长的桥是日本的明石海峡大桥。它的桥面由桥墩支撑，桥墩跨距为1991米。

- 美国纽约的布鲁克林大桥是第一座以钢索而非链条为特征的悬索桥。它用了1931千米的钢丝，需要9.1万吨砖石来固定这些钢索。

- 近年来最宏伟的大桥之一是位于京沪高速铁路上的丹昆特大桥。它于2011年开通。丹昆特大桥的长度为164.851千米，而这座桥只是京沪高速铁路上244座桥（另有22个隧道）中的一座。

克利夫顿悬索桥横跨英国布里斯托尔附近的埃文河，由伊桑巴德·金德姆·布鲁内尔（Isambard Kingdom Brunel，1806－1859）设计，于1864年开通使用。

桥于1867年在德国建成，横跨主河。

悬索桥

悬索桥是另一种非常古老的桥，没有人知道是谁发明的。已知最古老的悬索桥是南美洲和东南亚的绳索桥。在这些桥上，两根长长的主绳悬在间隙间形成桥，并牢牢地固定在两侧的地面上；桥面由竖直的短绳子吊在两根主绳上。18世纪工业革命后，悬索桥在西方国家流行了起来。1826年，英国工程师托马斯·特尔福德（Thomas Telford，1757－1834）在威尔士梅奈海峡建造了第一座现代悬索桥，用两座巨大的桥塔支撑着主钢缆。

悬索桥在美国最受欢迎。工程师约翰·罗布林（John Roebling，1806－1869）用钢缆建造了一系列桥梁。

罗布林最著名的作品是纽约的布鲁克林大桥，但他在大桥完工之前去世了。他的儿子华盛顿·罗布林（Washington Roe-

斜拉桥

乍一看，这座有着壮观的高架钢缆的斜拉桥，就像一座悬索桥。然而，它的承重原理与悬索桥不同，反而与梁桥和悬臂桥更接近。悬索桥的钢缆自由地穿过桥塔，只在桥与坚实地面交汇的两端固定。然而，斜拉桥的钢缆直接连接到桥塔上，桥塔支撑着桥体大部分的重量。

这座连接巴西阿拉卡茹和巴拉-杜斯科凯鲁斯的斜拉桥由若奥·阿尔维斯（Joao Alves）设计。

现代的梁桥采用现代材料，被用作跨越宽阔的山谷和林地的高速公路。

bling，1837－1926）在1883年完成了这一工程。当时，布鲁克林大桥是世界上中心跨度最长的桥，达487米。美国另一座著名的悬索桥是旧金山的金门大桥，于1937年

完工，这座与众不同的红色大桥中心跨度达1280米。

隧道

　　隧道和桥梁一样，都是为绕过障碍物而设计的。但隧道不是从障碍物上面经过的，而是从下面或中间穿过的。根据地面的类型，人们会使用不同的建造方法来挖掘和支撑隧道。

　　古埃及人之所以能使用铜锯和芦苇钻挖掘法老的坟墓，是因为埃及的岩石松软多沙。洞窟一旦被挖空，来自上面岩石的压力就有可能使其坍塌，所以人们会边挖洞，边为其砌上石衬。这些石衬由两个架着一个水平的过梁或横梁的直立桥墩组成，支撑着上面泥土的重量。

布鲁克林大桥（见右图）的砖砌桥塔建在水下的河床上。工人们进入被称为"沉箱"的水下加压工作区施工。

第一条隧道

　　已知最早的运输隧道位于巴比伦（现今的伊拉克），它是在宽阔的幼发拉底河下建造的一条步行通道。在有水的河床上挖隧道十分困难，古代的工程师找到了一种方法——他们在旱季疏导河水，从而得以建造隧道。他们为隧道砌上石衬，然后再让河水回流。

社会和发明

灾害

几个世纪以来，桥梁设计取得了很大的发展，桥梁也变得越来越坚固耐用，且能够覆盖越来越长的跨度。但有时桥梁建造者做得过头了，就会造成灾难性的后果。横跨美国华盛顿州普吉特湾的塔科马海峡大桥于1940年通车，被视为现代工程的奇迹，是世界上第三长悬索桥。然而，当汽车驶过时，司机们发现大桥非常不稳，会剧烈地左右摇晃。

1940年11月7日，也就是通车4个月后，大桥在一阵微风中倒塌。重建时，工程师们小心翼翼地拓宽了桥面，并用一系列支撑桁架来加固桥面。

塔科马海峡大桥的倒塌被拍下来了。在大桥倒塌之前，司机们弃车而逃，因此没有人在这场灾难中受伤。

一些最令人印象深刻的早期隧道大约建于公元前700年，主要用于灌溉和向城镇供水。这些隧道可能有好几千米长。

铁路和运河

19世纪中期，铁路出现了。当时铁路不能建在陡峭的山坡上，只能建在平地上。铁路隧道最早出现在英国，然后又出现在美国。在建设连接纽约州北部地区和波士顿的霍赛克隧道时，人们首次使用了炸药以及由蒸汽和空气驱动的机械钻。

在工业革命期间，运河也变为一个主要的运输网络。于是，欧洲和美国建造了数千米的新水路。桥梁和隧道对运河网络很重要，因为水路必须在很长一段距离内保持水平，以防止水流到一端。第一条重要的运河隧道建于17世纪70年代的法国米迪运河中。这也是隧道工人第一次用火药炸掉岩石。从那时起，爆破在隧道建设工程中起着越来越重要的作用。

上图中的隧道工人在泰晤士河下的泰晤士河隧道中工作。他们在一个具有保护性的可移动的笼子内工作。有些人沿着隧道铺砖块，同时也有一些人把挖出的岩石和土壤向后运送出去。

古罗马隧道建造技术

尽管古罗马人只有很原始的工具，但他们建造的隧道令人称赞，比如连接那不勒斯和波佐利的隧道，完工于公元前36年，长达1450米。古罗马人在坚硬的岩石中挖掘隧道时，使用了一种被称为"放火"的技术。他们用火加热岩石表面，然后把冷水泼在上面。突然的冷却使岩石破裂，从而更容易被挖出来。虽然在坚硬的岩石上挖隧道比在松软的土地上挖隧道要困难得多，但这样就不需要衬砌了。在罗马帝国结束后的1000多年里，挖隧道的技术几乎没有改进。

排水隧道

古希腊人和古罗马人意识到隧道也可以用来排水。积水地区下面的隧道会很快被水填满，使上面的土地变干，这样上面的土地就可以被重新开垦以用于建筑或农业。

隧道挖掘机器

1825 年，法国工程师马克·布鲁内尔（Marc Brunel，1769—1849）终于在英国伦敦的泰晤士河下开挖了第一条大河隧道。布鲁内尔意识到，防止隧道被淹或坍塌的唯一方法就是在挖的同时用砖块进行衬砌。他发明了第一台隧道挖掘机器——一个用液压千斤顶沿着隧道推进的圆形支架。支架被划分为若干单元格，而每个单元格里都有一台挖掘机。

当挖掘机挖掘隧道时，后面的工人便用砖块进行衬砌。当这个圆形支架再次向前推进时，一圈砖墙便已经砌好，可以防止隧道坍塌。但这项工程仍然很危险——挖掘机数次正面碰到水，导致隧道被淹，直到 1843 年才完工。

另一种建造水下隧道的方法是沉管法——将若干个预制管段分别浮运到海面（河面）现场，并一个接一个沉放安装在已疏浚好的基槽内。早在布鲁内尔发明隧道挖掘机器之前，这种方法就已经被尝试过了，但直到 20 世纪 50 年代才开始流行。

如今，许多主要隧道都是使用全自动的隧道掘进机建造的。这些机器常常被比作巨大的"机械蚯蚓"。它们的头部是巨大的圆形切割面。圆形切割面旋转切割着岩石或较软的黏土。切割面向前挖掘的同时，后面的机械臂将弯曲的混凝土板在隧道中排成

伦敦泰晤士河隧道完工于1843年，最初用于行人和车辆通行，后来成为城市地铁网络的一部分。

一列。

　　废石由传送带运送到地面。整个机器由激光系统引导，可以检测和纠正最细微的偏差。然而，隧道掘进机的移动速度非常缓慢，因此，大型隧道工程会使用两个隧道掘进机，并对其进行校准，以使它们在隧道中间会合。

现代的隧道掘进机有几十个坚硬的金属切削齿。当它的圆形切割面旋转时，这些金属切削齿会磨碎土壤和岩石。

英吉利海峡隧道

　　世界上最壮观的隧道之一是50千米长的英吉利海峡隧道，它于1994年开通，连接了英国和法国。1.3万人用了近8年的时间，花费了大约150亿美元，才完成了这项工程。英吉利海峡隧道位于海床下40—50米深处。实际上，它并不是一条隧道，而是三条，其中包括两条铁轨主隧道和一条供公路车辆使用的服务隧道。英吉利海峡隧道是用巨大的隧道掘进机建造的。在挖掘过程中，隧道掘进机共挖走600万立方米的土壤和岩石。隧道建成后，人们不用乘船，只需乘高速火车便可直接从伦敦到巴黎、布鲁塞尔及更远的地方。

乘高速火车通过英吉利海峡隧道大约需要20分钟，至少比轮渡少70分钟。

格雷特黑德盾

　　几个世纪以来，人们在河底挖隧道所面临的主要困难就是在隧道修建过程中，水会淹没隧道，从而带来危险。詹姆斯·亨利·格雷特黑德（James Henry Greathead，1844—1896）发明的格雷特黑德盾解决了这个难题。后来的75年时间中都没有比这更好的设备出现。格雷特黑德的机器与早期的设备相似，也是由液压千斤顶驱动的保护盾，但是格雷特黑德在保护盾的正后方安装了压缩空气室。压缩空气室内的气压很大，足以顶住隧道的表面，防止水进入室内，因此，在室内工作的人就可以避免被水淹。压缩空气室通过混凝土隔板与隧道的其余部分分开，且只有两个气闸可以通过，一个是给工作人员用的，另一个用于运送原料。

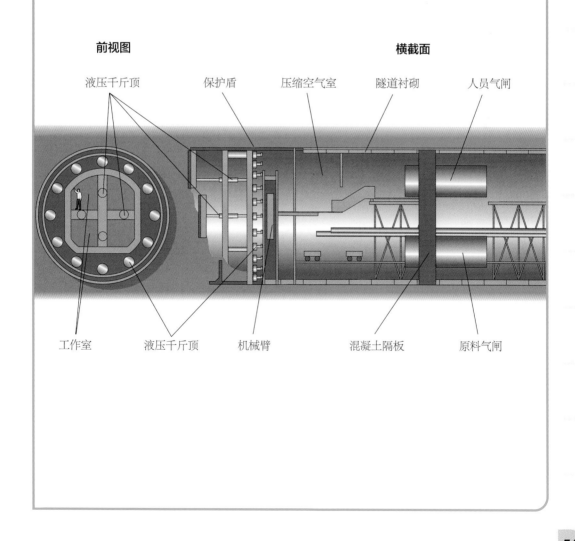

前视图　　　　　　　　　　　　　横截面

液压千斤顶　　保护盾　　压缩空气室　　隧道衬砌　　人员气闸

工作室　　液压千斤顶　　机械臂　　混凝土隔板　　原料气闸

家

50万年前，火的发现改变了人类住所的本质。人们能够做饭，并且有了一种新的光热来源。从那时起，家庭科技一直在改善人们的生活。

几千年来，烹饪食物的主要方式是在砖砌的炉子里生火。工业革命之后，在欧洲的一些国家和美国开始出现生铁炉子。这种炉子是以煤或木头为燃料的。但从19世纪开始，煤气和电便彻底改变了人们烹饪食物的方式。

煤气和电

第一个使用煤气烹饪食物的人是德

随着家庭科学技术的发展，做家务和烹饪变得更容易、更快捷。在现代家庭中，厨房和起居区域通常都在一个大房间里。

相关信息

- 已知的最早的食谱是阿比修斯撰写的《关于烹饪的艺术》（公元62年）。他描述了罗马皇帝克劳迪亚斯一世和他的妻子麦瑟琳娜和阿格里皮娜的盛宴。

- 1846年，美国人南希·约翰逊（Nancy Johnson，1795－1890）提出了用冷冻机制作冰激凌和冰沙的想法。约翰逊以威廉·杨（William Young）的名字注册了这项专利。

- 太空失重的影响，意味着厕所必须精心设计。在航天飞机上，马桶是用水和空气混合的方式冲水的。此外，马桶上还配备了足部固定装置和安全带。

国化学家察可斯·安德烈亚斯·温兹勒（Zachaus Andreas Winzler），他于1802年用管道将煤气送入了他家的厨房。

1824年，第一台煤气灶上市销售。这个煤气灶由塞缪尔·克莱格（Samuel Clegg）设计，由英国利物浦的安泰铁厂（Aetna Ironworks）制造。它由一根侧面带有多个孔的小管子组成，水平放置时可以油炸食物，垂直放置时可以烘烤食物。第一个煤气炉是由英国企业家詹姆斯·夏普（James Sharp）在1826年设计的。这种炉子于1834年投入市场。同年，夏普在一次"烹饪法"厨艺展示中，为120人准备了一顿饭，证明了他的炉子多么高效。

从19世纪70年代开始，制作炉子的金属表面开始使用珐琅镀层，这样炉子更容易清洁，也更不容易生锈。1923年，烤箱恒温器的发明使烹饪技术又向前迈进了一步。

家

这个恒温器允许厨师将烤箱设定在一个特定的温度，从而避免了依据猜测来工作。

1891年，伦敦的一个博览会展出了早期的电炉。同年，美国明尼苏达州的卡朋特电热制造公司制成了一种电热装置，并申请了专利。这种电热装置是通过将绝缘电线固定在铸铁板上制成的。英国工程师 R. E. B. 克朗普顿（R. E. B. Crompton，1845-1940）后来改进了该系统。

克朗普顿使用镍合金和双层珐琅更牢

下图中的厨师正在准备牛油布丁。牛油布丁是一种用动物脂肪和面粉制成的老式甜点，需要长时间慢煮。

厨房用具

用手切割、粉碎以及混合食物是一个漫长的过程。人们曾多次尝试让厨房中的这些过程变得更加快速。19世纪50年代，英国的一家公司引进了第一台家用切肉机。美国的公司则开发出了各种各样的机器，如牛肉刀、葡萄籽皮分离机和灌肠机。所有这些机器都需手工操作，但它们仍有助于加快工作速度。

最早的电动厨房用具之一是1918年发明的电动食品搅拌机，它有两个由马达驱动的小搅拌器。然而，厨房自动化方面最大的进步出现在1947年，当时英国发明家肯尼思·伍德（Kenneth Wood）设计了厨师机。这是一个配备了大马达的全能机器，可以驱动搅拌器、切菜机、榨汁机、面条机和开罐器等。

人们用搅拌机把块状的混合物制成液体。近几十年来，它被用来制作果汁。

53

洗碗机

1827年，法国工程师伯努瓦·福尔内隆（Benoît Fourneyron，1802—1867）发明了第一个实用的水轮机，它用流动的水驱动机器。逆向使用这个原理就"催生"了第一批洗碗机。第一批洗碗机是19世纪中期美国发明的。1880年，本杰明·豪（Benjamin Howe）就发明了一种这样的机器，它由一个框架组成。将盘子固定在合适的位置之后，人们便可以通过手摇的方式把水浇到机器上以清洗陶制餐具。1893年，约瑟芬·科克伦（Josephine Cochrane）在芝加哥世博会上展示了一种改进的版本。她设计这台机器并非为了节省自己洗碗的时间，而是为了防止她的仆人在洗碗时把精美的瓷器摔碎。第一台电动洗碗机出现于20世纪10年代。如今的洗碗机洗完碗后，还会将碗烘干，这样人们从洗碗机里拿出碗后便可直接使用了。

现代洗碗机洗一次碗一般要用10升水。

固地固定电线。他出售的设备有电烤盘、煎锅和柄内嵌有电线的炖锅。然而，用电做饭普及得并不快，因为在20世纪初之前，很少有家庭有电。

1924年，贝岭公司推出了第一款错层式电炉。这家公司由一位曾为克朗普顿工作过的电工创立。5年后，该公司推出了广受欢迎的小型贝岭烤炉，它有3个灶眼，下面是一个烤箱。此后，越来越多的家庭用上了电，对电炉的需求也逐渐增加。

冰箱和冰柜

保持食物新鲜一直都很困难。当温度升高时，食物表面的细菌就会生长繁殖，使食物发霉或腐烂。

保持食物新鲜的一种方法就是使它保持"凉爽"。早期的储藏室拥有由板岩和大理石等材料制成的架子，以保持较凉爽的环

早期的家具

人们在位于苏格兰奥克尼群岛的斯卡拉布雷建筑遗址中，发现了一些现存最古老的家具。这里的古代石屋可追溯到公元前500年，里面配备了长椅和睡眠区。人们在古埃及的金字塔坟墓中发现了更精致的家具，包括精心装饰的凳子、桌子、椅子和床。古希腊人和古罗马人也是技术娴熟的家具制造者，他们发明了折叠椅、橱柜。随着住宅的发展，独立的房间有了特定的用途，随之也产生了特定类型的家具及配件。

这是一台以小型贝岭电炉为原型的电炉。

境。19世纪末，第一批隔热的冰柜开始出现。这种冰柜通常采用板岩做衬层，里面放上冰，再将食物放在上面。

工业冷藏技术最早出现于19世纪。当时船只利用这种技术得以从欧洲横跨大西洋长途运输肉类和其他易腐烂的食品。19世纪70年代，德国工程师卡尔·冯·林德（Karl von Linde，1842—1934）设计了第一台家用冰箱。1913年，Domelre公司在芝加哥推出了第一款家用冰箱，事实证明它很成功。美国发明家纳撒尼尔·威尔士（Nathaniel Wales）对它做了进一步改进。1918年，他的Kelvinator冰箱首次销售。1923年，Frigidaire冰箱被推出。许多早期的冰箱使用的都是马达，所以噪声很大。

20世纪20年代，瑞典人卡尔·蒙斯特（Carl Munster）和巴尔扎尔·冯·普拉登（Balzar von Platen）制造了第一台能够在家庭环境中工作的无声冰箱。两年后，瑞典

用电磁波烹饪

1945年，美国科学家珀西·勒巴伦·斯本塞（Percy LeBaron Spencer，1894—1970）站在磁控管（一种发射短电磁波的电子管）前时发现，他口袋里的一块巧克力融化了。他很快意识到是磁控管释放的电磁波加热了巧克力。1945年，他为第一台微波炉申请了专利。20世纪60年代，微波炉开始进入家庭。

微波炉工作时，大量的高频电磁波使食物中的水分子振动，从而升高食物的温度，最终使食物变熟。微波炉烹饪食物所需的时间比传统烤箱所需的时间短很多。

但是，微波炉也有缺点，比如它们不能像传统烤箱那样给食物上色或使食物变脆。所以尽管食物是滚烫的，但其色泽或味道并不那么令人胃口大开。

现代微波炉在几秒钟或几分钟内就能烹饪一些食物。

55

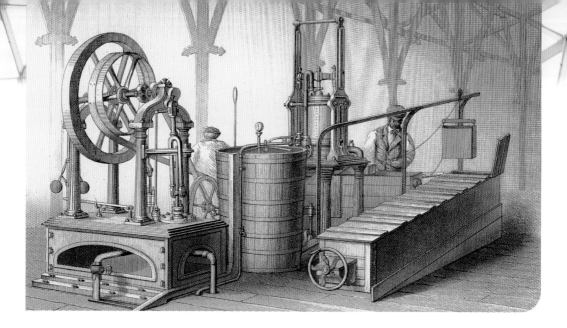

这台产自19世纪60年代的制冰机利用氨气的压缩和快速膨胀从水中吸收热量，从而使水变成冰。

伊莱克斯公司大量生产了这款冰箱。

浴室

形形色色的浴室已经存在几个世纪了。人们在印度河流域发现了早期的浴室，它可以追溯到公元前2500年。尽管如此，浴室在近些年才成为家庭住宅的一部分。例如，在欧洲，浴室在罗马帝国覆灭后便几乎消失了，直到19世纪末期才再次出现。

正是在那时，在中央锅炉中给水加热的系统得以发展。第一个这样的系统是尤尔

洗衣服

几个世纪以来，人们一直在小溪里洗衣服。在没有天然水源的情况下，人们只能在木盆或铁盆里用洗衣棒来挤压和搅拌衣服。1858年，美国发明家汉密尔顿·史密斯（Hamilton Smith）发明了机械式洗衣机。20世纪初，阿尔瓦·J.费希尔（Alva J. Fisher）发明了第一台电动洗衣机。电动洗衣机的洗衣棒由一个小马达来驱动。1924年，这种设计得到了进一步改进，美国的一家公司生产了一种电动洗衣旋转干燥机。然而，这是一台笨重的机器。洗完后，人们必须将装满湿衣服的滚筒提起，并放在另一个传动轴上。直到20世纪50年代，易于使用的自动洗衣机才问世。

特公司出品的Califont。这款热水器开发于1899年，它通过地下室的锅炉向家里的每个水龙头供应热水。

浴缸最初是用铁做的，时间长了，它会生锈。解决办法是给铁涂上瓷釉。1900年，第一个轻便的搪瓷浴缸被安装在普尔曼火车的车厢里。

马桶是现代浴室的另一个重要设备，也已经有几百年的历史了。1596年，英国的约翰·哈灵顿爵士（Sir John Harrington，1561−1612）在伦敦里士满宫安装了一个抽水马桶，首次尝试将马桶机械化。哈灵顿的抽水马桶有一个上方带座的盆，还有一根管子，可以让水进入以冲走废物。

哈灵顿的抽水马桶只被安装过两次，在接下来的200年里，再也没人说过这个冲水系统。后来，1775年，英国钟表匠亚历山大·卡明斯（Alexander Cummings）

冰箱的工作原理

冰箱会使一种被称为"制冷剂"的液体蒸发（变成气体），并在未被加热的情况下膨胀。膨胀的气态制冷剂从周围环境中吸收热量，从而使周围环境变冷，这就是冰箱的工作原理。

冰箱由3个主要部件组成：蒸发器、压缩机和冷凝器。当制冷剂沿着管道经过喷嘴时，制冷循环就开始了。这降低了制冷剂的压力，当制冷剂进入蒸发器时，它会变成气体。在这个过程中，它会吸收冰箱内空气的热量，从而降低冰箱内的温度。冷的气态制冷剂继续在蒸发器迷宫般的管道中穿行，直至到达压缩机。压缩机推动气态制冷剂进出冷凝器。在这里，气态制冷剂的压力增加，重新液化为液体。在这个过程中，它把吸收的热量从冰箱后面散发出来，然后下一个循环又开始了。

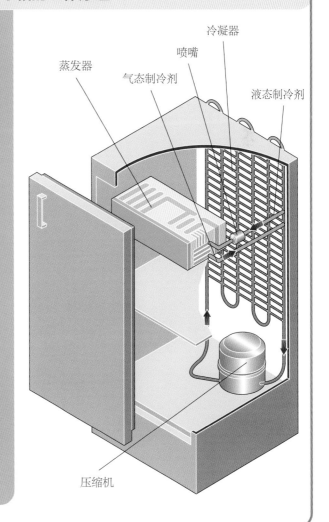

蒸发器　气态制冷剂　喷嘴　冷凝器　液态制冷剂　压缩机

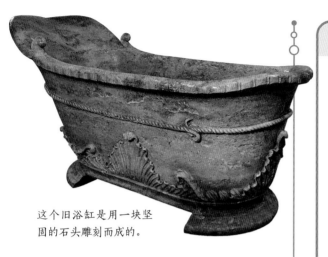

这个旧浴缸是用一块坚固的石头雕刻而成的。

为杠杆阀冲水马桶申请了专利。它有两个阀门，一个放水进入，另一个控制阀盘底部的出口。

英国工匠约瑟夫·布喇马（Joseph Bramah，1748—1814）改进了卡明斯的马桶，改进后的马桶一直流行到19世纪末。

这些早期的马桶是用金属做的。然而，1870年，英国制陶工人托马斯·特怀福德（Thomas Twyford，1849—1921）制造

在家庭配备自来水和室内浴室前，人们在卧室里洗澡时，需要用水罐把水倒到一个大盆里。

用热水洗澡

经常洗澡的最大障碍是如何获得足够的热水。最简单的方法就是在厨房把水加热，然后用水罐把它提到放浴缸的地方。这一方法也有很多不便之处，于是，1827年，汤普森公司生产了一种自带加热器的浴缸。洗澡所需的水从储罐进入圆筒炉，然后进入浴缸。1868年，本杰明·毛姆（Benjamin Maugham）发明了一种特殊的热水器，可以加热洗澡水。它有一根输送水的管子，螺旋穿过一个装有燃气燃烧器的圆筒。

了第一个全陶瓷马桶。特怀福德增加了我们现在所熟悉的S形出口管，形成了防止臭气从下水道逸出的水封。

1889年，这个马桶得到了进一步改进。英国的一名水管工人发明了直冲式冲水马桶，这种马桶在今天仍然被广泛使用。

做家务

1858年，美国人海勒姆·H.赫里克（Hiram H. Herrick）申请了地毯清扫机的专利。1876年，瓷器店老板梅尔维尔·R.比斯尔（Melville R. Bissell）改进了这个装置。因为他对包装瓦罐的稻草所产生的灰尘过敏，所以他发明了一种装有圆柱形刷子的扫帚，可以把灰尘推进一个容器里。

如今的城市普遍采用装有旋转扫帚和强力吸尘器的卡车来清扫街道。

社会和发明

沐浴

几个世纪以来，公众对沐浴的态度发生了巨大变化。许多古代文明认为沐浴是一种宗教仪式。沐浴对古印度人的生活十分重要，这就解释了为何印度河流域的公共浴室会有4500年的历史。古罗马也是一个重视沐浴的地方。在古罗马，虽然私人住宅很少有浴室，但公共浴室数量众多，一个公共浴室一次可容纳1600人。然而，在中世纪的欧洲，沐浴的习惯消失了。例如，17世纪法国凡尔赛的皇家宫殿，尽管有精致的喷泉，却根本没有浴室。富人用香水来掩盖身上难闻的气味。19世纪末，沐浴在欧洲重新流行起来。如今，各国对沐浴的态度大不相同。在西方国家，人们沐浴主要是为了把身体洗干净，而在日本，人们沐浴前要先冲澡，因为他们认为沐浴是一种放松的方式。

英国城市巴斯因为巨大的罗马浴场而得名，该浴场从公元60年开始提供热水浴、温水浴或冷水浴。

博斯特尔设计的马桶

直冲式冲水马桶（见下图）最初是由英国的一名水管工人设计的，至今仍被广泛使用。在他设计的马桶中，顶部的水箱提供冲马桶的水。当拉绳或把手被拉动时，活塞就会在虹吸装置内升起。然后，水通过一个倒置的U形管进入马桶，冲掉里面的东西。这时，水箱内部的水位会下降，一个被称为"球形旋塞"的浮子下降到一定水位时，会打开一个进水阀门。随着水位上升，关闭阀门的球形旋塞也会上升，当水箱注满水时，就可以进行下一次冲水了。

19世纪，烟囱清洁工是家家户户的常客，他们用长而灵活的扫帚清理烟囱里的煤烟。

1901年，英国土木工程师胡伯特·塞西尔·布斯（Hubert Cecil Booth，1871—1955）设计了第一台真空吸尘器。他看到展示的清洁机器可以把地毯上的灰尘吹走，便意识到使用吸力可以更有效地收集灰尘。布斯的英国真空清洁公司使用的是大型马拉式真空吸尘器，由一组穿着制服的员工到各家各户提供服务。布斯的机器太笨重了——它由一台重型燃气发动机提供动力，吸入软管长达30米。布斯的机器在1907年得到了改进，美国发明家穆雷·斯潘格勒（Murray Spengler）发明了一种更轻的机器，它由一个小电风扇提供动力。然而，斯潘格勒无法推广他的发明，便将专利卖给了一位名叫威廉·胡佛（William Hoover，1849—1932）的皮革制造商。胡佛的小型电动吸尘器于1908年推出，并在国际上取得了成功。

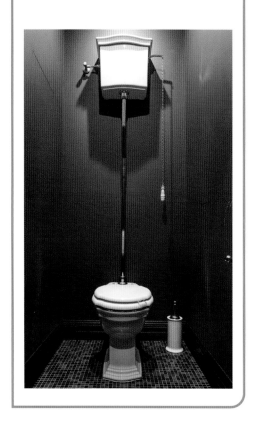

真空吸尘器

在立式真空吸尘器中，由橡胶带驱动的旋转刷经过地毯时会拍打地毯，这样就可以使粘在地毯上的污垢或灰尘变松。与此同时，一台电风扇在吸尘器内部旋转，产生部分真空，便可通过连接尘袋的管道将空气吸上来。当空气被吸进管道时，它会将旋转刷扫起的污垢或灰尘一起吸入尘袋中。当空气直接穿过尘袋并从吸尘器的后面排出来时，灰尘和污垢就会留在尘袋的底部堆积起来。待尘袋满了，拆下来清空或换上新尘袋就可以了。

另一种流行的真空吸尘器是桶式真空吸尘器。连接在软管上的长管末端有一个吸嘴。桶式真空吸尘器从功能上讲类似于立式真空吸尘器，但它不用旋转刷拍打地毯，完全依靠真空吸力来清除污垢或灰尘，因此它需要一个更强大的发动机。

无袋真空吸尘器通过旋转的空气旋涡吸入污垢或灰尘。当空气在吸尘器内旋转时，污垢或灰尘被离心力推到一边，落入集尘盒里。清洁的空气继续向上，通过过滤器，去除细小的灰尘，然后被排出吸尘器。当集尘盒满了时，便可取出清空。

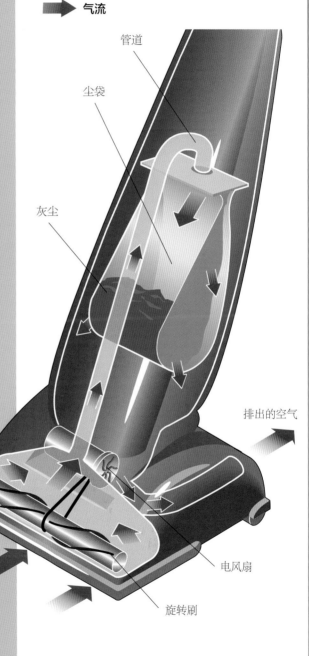

气流

管道

尘袋

灰尘

排出的空气

电风扇

旋转刷

时间线

公元前180万年　目前发现的最早的工具大约于这个时候在坦桑尼亚的奥杜威峡谷制造。这些工具是用来切割肉的。

公元前60万年-公元前50万年　人类学会了使用火。

公元前3万年　第一批陶制品被烧制了出来。

公元前1万年　第一批陶罐被烧制了出来。

公元前4000年　釉的使用使陶器不再漏水。

公元前2900年左右　最早的水坝建于古埃及的尼罗河上。

公元前26世纪初　早期的石头建筑开始建造。

公元前2560年　吉萨的胡夫金字塔用了大约15年的时间建成。在公元1311年林肯大教堂建成之前的3000多年里，吉萨的胡夫金字塔一直是世界上最高的建筑。

公元前1500年　人类第一次大规模炼铁。

公元前1000年　耶路撒冷修建了地下储水设施。

公元前600年　中国人发明了高炉炼铁。

公元62年　已知最早的食谱出版了。

800年　中国人制造出了又轻又坚固的瓷器。

1494年　修道士约翰·科尔（John Cor）为他的修道院蒸馏威士忌。

1712年　托马斯·纽科门（Thomas Newcomen）研制出了一种蒸汽发动机，用来清除矿井里的水。

1779年　西方国家的第一座铁桥在英格兰科尔布雷克代尔矿区附近建成。

1784年　亨利·科特（Henry Cort）为制造熟铁的搅拌法申请了专利。

1794年　在1770年约瑟夫·普里斯特利（Joseph Priestley）发现将二氧化碳溶于水中可以制成清凉的饮料后，雅各布·施韦普（Jacob Schweppe）受到启发，推出了碳酸饮料。

1795年　尼古拉斯·阿培尔（Nicolas Appert）发明了一种新的罐装系统，可以通过在密封容器中加热食物来保存食物。

1801年　约瑟夫-玛丽·雅卡尔（Joseph-Marie Jacquard）发明了自动织布机。

1824年　约瑟夫·阿斯普丁为波特兰水泥申请了专利。

1826年　詹姆斯·夏普设计了煤气炉。托马斯·特尔福德建造了第一座现代悬索桥。

1844年　约翰·戈里（John Gorrie）制造了冰箱。

19世纪50年代　奥斯卡·李维·施特劳斯（Oscar Levi Strauss）发明了现代牛仔裤。艾米莉亚·布鲁默（Amelia Bloomer）发明了女士灯笼裤。

1854年　伊莱沙·G.奥的斯发明了安全电梯。

1856年　亨利·贝塞麦发明了贝塞麦转炉，降低了炼钢成本。

1867年　第一座现代悬臂桥建成。

1869年　伊波莱特·梅热-穆里兹（Hippolyte Megè-Mouriès）发明了人造黄油，以取代黄油。

1876年　亚历山大·格雷厄姆·贝尔（Alexander Graham Bell）和伊莱沙·格雷（Elisha Gray）分别申请了电话专利。

1882年　第一座水力发电厂在威斯康星州的阿普尔顿建成。

1883—1885年　第一座摩天大楼在芝加哥落成。

1892年　弗朗索瓦·亨内比克为钢筋混凝土申请了专利。

1901年　胡伯特·塞西尔·布斯设计了第一台真空吸尘器。

20世纪初　阿尔瓦·J.费希尔发明了第一台电动洗衣机。

1924年　克拉伦斯·伯宰（Clarence Birdseye）的公司开始生产冷冻食品。

1935年　华莱士·休谟·卡罗瑟斯（Wallace Hume Carothers）发明了尼龙。

1988年　连接日本本州岛和北海道的青函海底隧道建成。它是世界上最长的海底铁路隧道，全长53.9千米。

2010年　迪拜的哈利法塔建成，总高度828米，是世界上最高的建筑。

2011年　丹昆特大桥在京沪高速铁路上开通。这座桥长164.851千米。

2019年　挪威布鲁蒙达尔的米约萨塔成为世界上最高的木结构建筑。这栋建筑的碳排放量比传统的摩天大楼少85%。

Books

Awesome Engineering by Sally Spray. London: Franklin Watts, 2017.

Bridges: A History of the World's Most Spectacular Spans by Judith Dupré. New York: Black Dog and Leventhal, 2017.

Bridge Building: Bridge Designs and How They Work by Diana Briscoe. Bloomington, MN: Red Brick Learning, 2005.

How Things Work: The Inner Life of Everyday Machines by Theodore Gray. New York: Black Dog and Leventhal, 2019.

Toilets, Toasters & Telephones: The How and Why of Everyday Objects by Susan Goldman Rubin. San Diego: Harcourt, Inc., 1998.